AF283861

Cálculo de la huella de carbono en el ciclo integral del agua. ENAA0001

Verónica Edith Larrat Almanza

ic editorial

Cálculo de la huella de carbono en el ciclo integral del agua. ENAA0001
© Verónica Edith Larrat Almanza

1ª Edición

© IC Editorial, 2025

Editado por: IC Editorial
c/ Cueva de Viera, 2, Local 3
Centro Negocios CADI
29200 Antequera (Málaga)
Teléfono: 952 70 60 04
Fax: 952 84 55 03
Correo electrónico: iceditorial@iceditorial.com
Internet: www.iceditorial.com

ISBN: 979-13-7027-087-2
Depósito Legal: MA 1820-2025

Impresión: PODiPrint
Impreso en Andalucía – España

Nota de la editorial: IC Editorial pertenece a Innovación y Cualificación S. L.

Especialidad formativa

Se entiende por especialidad formativa la agrupación de contenidos, competencias profesionales y especificaciones técnicas que responde a un conjunto de actividades de trabajo enmarcadas en una fase del proceso de producción y con funciones afines.

Las especialidades formativas de Uso General, Formación Complementaria, Formación Modular y las especialidades formativas dirigidas a la obtención de certificados de profesionalidad se incluyen en el Fichero de Especialidades del Servicio Público de Empleo Estatal para su gestión en todo el territorio nacional por cualquier Administración competente.

Las especialidades complementarias, pertenecen todas a la Familia profesional de Formación Complementaria (FCO) y tienen la consideración de formación transversal en áreas que se consideran prioritarias tanto en el marco de la Estrategia Europea para el Empleo y del Sistema Nacional de Empleo como en las directrices establecidas por la Unión Europea. Se consideran áreas prioritarias las relativas a tecnologías de la información y la comunicación, la prevención de riesgos laborales, la sensibilización en medio ambiente, la promoción de la igualdad, la orientación profesional y aquellas otras que se establezcan por la Administración competente.

Las especialidades de Certificado de profesionalidad tienen una duración especificada en su normativa reguladora.

En el resultado de la búsqueda, se muestran las unidades de competencia, todos los módulos formativos con su duración y las unidades formativas del certificado correspondiente, con su duración. Las horas del certificado, exclusivo de las especialidades de certificado de profesionalidad, con alta igual o superior a 2008, son las horas totales más las horas del módulo de Prácticas Profesionales no Laborales.

➲ **Si la especialidad tiene unidades formativas,** las horas totales, presencial, distancia, teleformación serán igual a la suma de esas horas de las unidades formativas de los distintos módulos, sin que se repita ninguna Unidad formativa.

➲ **Si la especialidad no tiene unidades formativas,** las horas totales, presencial, distancia, teleformación serán igual a las sumas de esas horas de los módulos formativos, eliminando las horas de los módulos repetidos.

https://sede.sepe.gob.es/especialidadesformativas/RXBuscadorEFRED/BusquedaEspecialidades.do

(Fuente: Servicio Público de Empleo Estatal)

Índice

OBJETIVOS GENERALES

Los objetivos generales de **ENAA0001. Cálculo de la huella de carbono en el ciclo integral del agua,** son:

- ➲ Conocer y manejar los principales conceptos asociados a la huella de carbono, así como realizar los cálculos necesarios, reconocer cómo se pueden compensar y mitigar las emisiones y saber cuáles son las diferentes iniciativas legales actuales.
- ➲ Conocer los fundamentos del cambio climático y su relación con el ciclo integral del agua, identificando el marco legislativo y las herramientas de gestión, como la huella de carbono, para incorporar buenas prácticas y estrategias de sostenibilidad en el ámbito empresarial.
- ➲ Analizar el proceso de cálculo, verificación, gestión y comunicación de la huella de carbono en el ciclo integral del agua, identificando buenas prácticas, herramientas y casos de éxito para promover la sostenibilidad climática en las organizaciones del sector hídrico.

Fundamentos y contexto de la huella de carbono en el ciclo integral del agua

Contenido

Objetivos

El objetivo general de esta Unidad de Aprendizaje es:

→ Conocer los fundamentos del cambio climático y su relación con el ciclo integral del agua, identificando el marco legislativo y las herramientas de gestión, como la huella de carbono, para incorporar buenas prácticas y estrategias de sostenibilidad en el ámbito empresarial.

Los objetivos específicos de esta Unidad de Aprendizaje son:

→ Comprender los conceptos fundamentales de la huella de carbono en el ciclo integral del agua, su evolución y tendencias.

→ Reconocer el marco normativo en materia de cambio climático y huella de carbono en un proceso de transición energética.

→ Evaluar el impacto del cambio climático en el sector empresarial y la evolución de la huella de carbono como herramienta estratégica de mitigación.

→ Analizar las etapas del ciclo del agua con mayor huella de carbono y relacionarlas con marcos normativos climáticos para promover la mitigación en el sector hídrico.

→ Fomentar la comprensión estratégica de la huella de carbono como herramienta de sostenibilidad y acceso a financiación verde.

1. Introducción

El cambio climático, causado por las emisiones humanas de GEI, es una crisis global que ha elevado la temperatura del planeta 1,2 °C, intensificando fenómenos extremos, el deshielo, el ascenso del nivel del mar y la crisis hídrica.

Sus consecuencias afectan la biodiversidad, la seguridad alimentaria, la salud y las infraestructuras, demandando una respuesta global basada en la mitigación y la adaptación.

Esta unidad analiza la estrecha relación entre el cambio climático y el ciclo del agua, destacando su papel estratégico en la transición hacia un futuro sostenible.

Para introducirnos en el proceso de transición hacia la descarbonización, nos centraremos en el caso de Aguas Sostenibles del Sur S. A. (ASSA), una empresa andaluza ficticia de gestión del ciclo del agua que decide asumir el reto de calcular y gestionar su huella de carbono.

2. Conocimiento del cambio climático

👉 **HILO CONDUCTOR**

ASSA inicia su transición formando a su equipo, analizando datos climáticos e hidrológicos de los últimos 20 años y elaborando un mapa de riesgos para comprender el impacto sistémico del cambio climático en la gestión del agua y la energía.

El cambio climático, originado por actividades humanas como la quema de combustibles fósiles, la deforestación y la agricultura intensiva, **incrementa las concentraciones de CO_2, CH_4 y N_2O,** intensificando el calentamiento global y alterando la atmósfera más allá de las variaciones naturales.

Desde la era preindustrial, la temperatura media ha aumentado 1,2 °C —y alcanzó 1,55 °C en 2024—, exacerbando fenómenos extremos que afectan gravemente a ecosistemas, economías y sociedades. Sequías, tormentas e inundaciones alteran el ciclo integral del agua, reducen su disponibilidad y calidad, incrementan el consumo energético para su gestión y demandan una planificación hídrica más robusta. Sus impactos, que van desde la pérdida de biodiversidad y el riesgo en el acceso al agua potable hasta daños económicos en sectores como la agricultura y el turismo, evidencian la necesidad urgente de medidas integradas de mitigación y adaptación que refuercen la resiliencia ambiental, social y económica.

A continuación, representamos esquemáticamente esta relación entre efectos y consecuencias del cambio climático sobre el ciclo del agua:

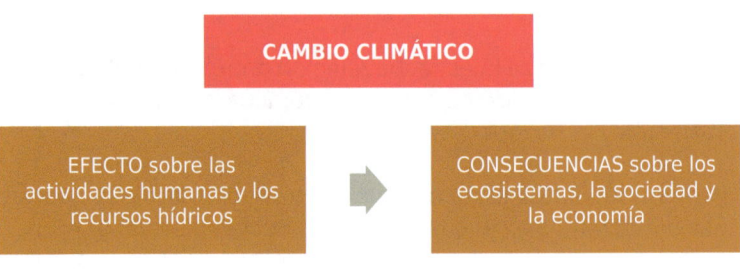

PARA SABER MÁS

En España, según la AEMET, el cambio climático se evidencia en la actualidad en veranos casi cinco semanas más largos, caudales fluviales reducidos más del 20 % en algunas cuencas, expansión de zonas semiáridas y olas de calor más frecuentes, prolongadas e intensas, lo que incrementa la presión sobre el agua y los ecosistemas. Accede desde aquí para obtener más información.

https://redirectoronline.com/enaa00010101

El cambio climático altera el ciclo del agua, reduciendo su disponibilidad y calidad, mientras que la gestión del agua, al consumir energía, contribuye a las emisiones de GEI, evidenciando una relación bidireccional clave entre ambos fenómenos.

Los principales impactos del cambio climático en el ciclo integral del agua, destacando cómo la creciente variabilidad climática afecta su gestión y sostenibilidad, son:

RELACIÓN con el ciclo integral del agua	SEÑALES-INDICADORES del cambio climático actual
- El agua y el cambio climático están estrechamente vinculados: por un lado, el clima altera el ciclo del agua, intensificando sequías e inundaciones y afectando su disponibilidad y calidad; por otro, su gestión —especialmente en EDAR— consume energía y genera emisiones de GEI, llegando a representar hasta el 26 % del total del ciclo. Esta relación bidireccional hace del agua no solo un recurso vulnerable, sino también un eje estratégico para la mitigación, la adaptación y una gestión sostenible frente a la creciente escasez y competencia por su uso.	- El cambio climático se manifiesta en el ciclo del agua mediante señales claras: mayor frecuencia de sequías, inundaciones y tormentas, alteraciones en las precipitaciones, ascenso del nivel del mar, pérdida de previsibilidad y calidad del agua, cambios en caudales fluviales por menor nieve y aumento de enfermedades hídricas y pérdidas socioeconómicas. Estos indicadores reflejan una creciente inestabilidad hídrica con impactos ambientales, sociales y económicos.

Frente a esta interdependencia, es esencial actuar con estrategias integradas: el siguiente esquema muestra cómo las medidas de mitigación (reducción de emisiones) y adaptación (fortalecimiento de la resiliencia) son complementarias y necesarias para una gestión hídrica sostenible y climáticamente inteligente:

Mitigación — Busca **reducir las emisiones** de GEI mediante la descarbonización de sectores esenciales.

Adaptación — Busca **fortalecer la resiliencia** de ecosistemas y comunidades frente a los efectos ya inevitables del clima.

De no actuar, el cambio climático agravará fenómenos extremos, el estrés hídrico y la degradación de los ecosistemas. Frente a este escenario, el agua pasa de ser un recurso afectado a convertirse en eje clave de la transición ecológica. La **huella de carbono (CO$_2$eq)** permite al sector hídrico identificar emisiones, mejorar su eficiencia y descarbonizar mediante soluciones naturales y tecnologías limpias, impulsando resiliencia, innovación y sostenibilidad.

La medición de la huella de carbono en el ciclo del agua habilita acciones de mitigación que posicionan al sector como agente de cambio, dichas acciones son:

- **Situación actual:** la situación climática en 2025 muestra un planeta en crisis: la temperatura global ha superado temporalmente +1,5 °C, con eventos extremos más frecuentes e intensos, océanos con récords de temperatura y aumento del nivel del mar, acelerado deshielo polar y una creciente crisis hídrica que afecta la disponibilidad y calidad del agua, intensificando los conflictos por su uso, especialmente en zonas semiáridas y costeras.
- **El futuro - Sin medidas de mitigación:** de no adoptarse medidas de mitigación, el futuro traerá fenómenos extremos más intensos, un aumento del estrés hídrico que afectará a millones de personas, sequías más frecuentes, pérdida de ecosistemas acuáticos y calidad del agua, riesgos costeros por el ascenso del mar y un círculo vicioso de emisiones por el calentamiento del suelo. Limitar el calentamiento a 1,5 °C frente a 2 °C podría reducir hasta en un 50 % la población expuesta a escasez de agua.
- **Estudio - Huella de carbono:** el ciclo integral del agua genera emisiones significativas de GEI debido al alto consumo energético en procesos como captación, bombeo, potabilización y depuración, lo que lo convierte en un actor clave para la mitigación del cambio climático. El **cálculo de la huella de carbono** permite identificar puntos críticos, reducir emisiones y mejorar la eficiencia, alineando la gestión hídrica con los objetivos climáticos globales. Con potencial de descarbonización mediante innovación y soluciones naturales, el sector puede liderar la transición ecológica.
- **Medición y gestión de GEI:** el ciclo integral del agua genera emisiones significativas de gases de efecto invernadero debido a su alto consumo energético en procesos como el bombeo y el tratamiento. Medir su huella de carbono permite identificar puntos críticos, mejorar la eficiencia energética y reducir emisiones, convirtiéndose en una herramienta clave para una gestión hídrica sostenible y alineada con los objetivos climáticos, con gran potencial de descarbonización.

 **VÍDEO**

A continuación, te mostramos un vídeo pensado para explicar de forma muy sencilla y accesible qué es el cambio climático y qué podemos hacer para proteger nuestro planeta. Accede desde aquí para verlo.

https://redirectoronline.com/enaa00010102

3. Contexto legislativo en materia de cambio climático

☞ **HILO CONDUCTOR**

ASSA reúne a su equipo legal y de sostenibilidad para analizar el marco normativo (obligaciones y oportunidades) y decide inscribirse voluntariamente en el Registro de Huella de Carbono del MITECO, anticipándose a la obligatoriedad y entendiendo la normativa como una hoja de ruta estratégica que facilita el acceso a financiamiento y genera reconocimiento.

Desde los primeros estudios sobre el efecto invernadero hasta la actualidad, la comprensión del cambio climático ha evolucionado hacia acciones concretas de mitigación, con la huella de carbono y la descarbonización como pilares centrales.

Desde el año 2020 el enfoque climático ha avanzado hacia la medición obligatoria de emisiones y la descarbonización de sectores estratégicos, consolidando políticas clave en Europa y España:

Evolución del enfoque para abordar el cambio climático

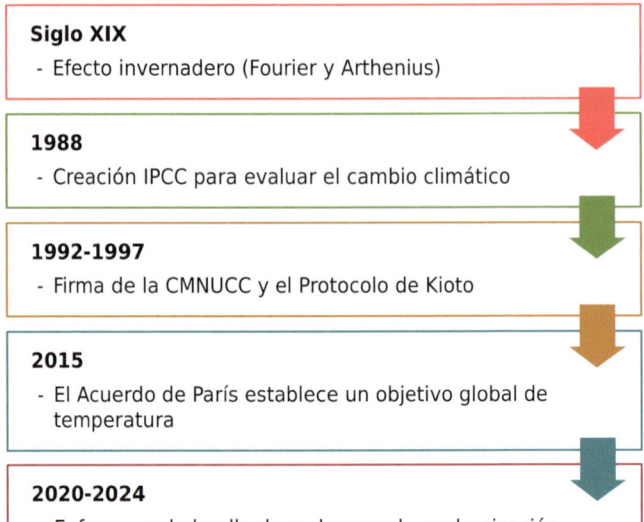

Siglo XIX
- Efecto invernadero (Fourier y Arthenius)

1988
- Creación IPCC para evaluar el cambio climático

1992-1997
- Firma de la CMNUCC y el Protocolo de Kioto

2015
- El Acuerdo de París establece un objetivo global de temperatura

2020-2024
- Enfoque en la huella de carbono y descarbonización

La UE se ha comprometido legalmente a alcanzar la neutralidad climática en 2050, meta alineada con el **Acuerdo de París** y respaldada por el **Pacto Verde Europeo,** estableciendo los siguientes objetivos, acciones y desafíos:

| Objetivos climáticos ambiciosos | Acciones clave | Principales retos |

 **PARA SABER MÁS**

Puedes conocer un poco más sobre el Acuerdo de París y el Pacto Verde Europeo en los siguientes enlaces.

https://redirectoronline.com/enaa00010103

https://redirectoronline.com/enaa00010104

En España, la normativa ha evolucionado hacia un marco integral y obligatorio que promueve la reducción de emisiones, la absorción de carbono y la transparencia climática.

Desde el año 2014 hasta la actualidad, esta progresión normativa se ha materializado en:

Real Decreto 163/2014
- España crea el Registro de Huella de Carbono MITECO.

Continúa en página siguiente >>

<< Viene de página anterior

Ley 8/2018 de Andalucía
- Andalucía introduce legislación regional sobre el cambio climático y la transición energética.

Plan Nacional de Adaptación al Cambio Climático 2021-2030 (PNACC, 2020)
- España desarrolla un plan estratégico para la adaptación climática.

Ley 7/2021 de España
- España establece la obligación nacional de calcular la huella de carbono e implementar Planes de reducción de GEI.

Real Decreto 234/2021. Plan Andaluz de Acción por el Clima 2021-2030 (PAAC, 2021)
- Andalucía implementa un plan regional para la acción climática.

Real Decreto 214/2025
- España actualiza y Fortalece el marco legal para el Registro de la Huella de Carbono.
- (Alineado con Ley 7/2021).

A continuación, se explicará cada una de ellas con mayor detalle, destacando su alcance y las principales diferencias.

3.1. Real Decreto 163/2014, de 14 de marzo, por el que se crea el registro de huella de carbono, compensación y proyectos de absorción de dióxido de carbono

Aunque ya derogada, fue la norma fundamental por la que se creó el registro de huella de carbono, gestionado por MITECO. Este registro permite a empresas, entidades públicas y organizaciones, cuantificar, declarar y verificar oficialmente sus emisiones de gases de efecto invernadero (GEI), así como registrar acciones de compensación mediante proyectos de absorción de CO_2.

3.2. Ley 8/2018 de Andalucía de 8 de octubre, de medidas frente al cambio climático y para la transición hacia un nuevo modelo energético en Andalucía

Esta ley es una norma pionera que posiciona a la comunidad como referente en la lucha contra el cambio climático y establece un marco jurídico integral cuyo objetivo principal es reducir las emisiones de gases de efecto invernadero (GEI), mediante la obligatoriedad de medir la huella de carbono (alcances 1 y 2) y presentar planes de descarbonización, con sanciones de hasta 40.000 € para quienes incumplan.

Además de promover la transición hacia un modelo energético sostenible —basado en el fomento de las energías renovables y la mejora de la eficiencia energética—, la ley impulsa la integración de la sostenibilidad en las políticas públicas y sienta las bases del Plan Andaluz de Acción por el Clima (PAAC), que define estrategias concretas de mitigación y adaptación. También anticipa la importancia del alcance 3 de la huella de carbono y promueve el uso del Registro de Huella de Carbono del MITECO. Asimismo, fomenta la participación ciudadana, la educación ambiental y la cooperación entre instituciones, consolidándose como un modelo regional alineado con los compromisos del Acuerdo de París y la Agenda 2030.

3.3. Plan Nacional de Adaptación al Cambio Climático (PNACC) 2021-2030 (2020)

Este plan es el marco estratégico fundamental de España para afrontar los impactos actuales y futuros del cambio climático.

Su objetivo principal es reducir la vulnerabilidad de los ecosistemas, sectores económicos y poblaciones frente a fenómenos como sequías, olas de calor, inundaciones y la escasez de recursos hídricos. Promueve una acción coordinada entre administraciones, sectores y ciudadanos, integrando la adaptación en las políticas públicas y territoriales. En el contexto del ciclo integral del agua, el PNACC es clave para fortalecer la resiliencia hídrica, optimizar la gestión del recurso y planificar infraestructuras sostenibles, alineándose con la **Ley 7/2021** y el **Pacto Verde Europeo.**

 **PARA SABER MÁS**

Puedes acceder a la Ley 7/2021, de 1 de diciembre, de impulso para la sostenibilidad del territorio de Andalucía desde aquí.

https://redirectoronline.com/enaa00010105

3.4. Ley 7/2021 de España, de 20 de mayo, de cambio climático y transición energética

Esta ley es una pieza fundamental del marco normativo español para la lucha contra el cambio climático, está alineada con la neutralidad climática en 2050 y obliga a empresas y administraciones a calcular anualmente su huella de carbono (alcances 1 y 2) y presentar planes de reducción de GEI, con sanciones de hasta 60.000 € por incumplimientos.

Establece el objetivo de alcanzar la neutralidad climática en 2050 y fija metas intermedias, como la reducción del 23 % de las emisiones de gases de efecto invernadero en 2030 respecto a 1990. Uno de sus aspectos clave es la obligatoriedad para grandes empresas y administraciones públicas de calcular anualmente su huella de carbono (incluyendo emisiones de alcance 1 y 2) y de elaborar planes de reducción verificables.

3.5. Plan Andaluz de Acción por el Clima PAAC (Decreto 234/2021)

El PAAC constituye el marco estratégico de la Junta de Andalucía para afrontar el cambio climático desde una perspectiva de mitigación y adaptación.

Este plan establece objetivos, líneas de actuación y medidas concretas para reducir las emisiones de gases de efecto invernadero (GEI) en sectores clave, como el energético, el transporte, la agricultura y el agua, alineándose con la Ley 8/2018 de cambio climático andaluza y con los objetivos nacionales y europeos de descarbonización. El PAAC promueve la transición hacia una economía baja en carbono, fomenta la eficiencia energética, el uso de energías renovables y la sostenibilidad en la gestión de recursos. Además, incorpora **estrategias de adaptación** para aumentar la resiliencia de los ecosistemas y las infraestructuras ante fenómenos climáticos extremos, como sequías e inundaciones. En el sector del agua, su impacto es fundamental, ya que impulsa la medición de la huella de carbono, la reducción del consumo energético en procesos hídricos y la integración de la sostenibilidad climática en la planificación territorial y sectorial.

 PARA SABER MÁS

Andalucía es una de las regiones pionera en el desarrollo normativo en materia de cambio climático y transición energética en España, incorporando medidas legislativas antes incluso de la entrada en vigor de la normativa nacional. Destaca la Ley 8/2018 de Andalucía sobre cambio climático, así como el Plan Andaluz de Acción por el Clima (PAAC), aprobado mediante el Real Decreto 234/2021, que establece un marco estratégico regional para la acción climática. Puedes acceder a la anterior ley desde aquí.

https://redirectoronline.com/enaa00010106

3.6. Real Decreto 214/2025, de 18 de marzo, por el que se crea el registro de huella de carbono, compensación y proyectos de absorción de dióxido de carbono y por el que se establece la obligación del cálculo de la huella de carbono y de la elaboración y publicación de planes de reducción de emisiones de gases de efecto invernadero

Este real decreto actualiza y fortalece el marco normativo español en materia de cambio climático, modernizando el sistema de gestión de la huella de carbono. **Sustituye y actualiza** parcialmente al **Real Decreto 163/2014,** reforzando el registro de huella de carbono, compensación y proyectos de absorción de dióxido de carbono, gestionado por el MITECO.

 IMPORTANTE

Su principal aporte es establecer la obligatoriedad para grandes empresas y administraciones públicas de calcular anualmente su huella de carbono (alcances 1 y 2) y de elaborar, publicar y actualizar planes de reducción de emisiones de gases de efecto invernadero (GEI). De este modo, transforma una práctica antes voluntaria en un requisito esencial para la sostenibilidad empresarial, la transparencia climática y el acceso a fondos europeos.

Además, el decreto impulsa la compensación de emisiones mediante proyectos de absorción de CO_2, como reforestaciones, y exige que los informes sean verificados por entidades acreditadas (ENAC), garantizando su rigor y credibilidad. Todo ello alinea a España con los objetivos de la Ley 7/2021 de cambio climático y el Pacto Verde Europeo, reforzando la rendición de cuentas y la acción climática en el sector público y privado.

 **APLICACIÓN PRÁCTICA**

La empresa ASSA ha decidido avanzar en su compromiso climático inscribiéndose voluntariamente en el Registro de Huella de Carbono, estableciendo objetivos de reducción de emisiones para alinearse con la normativa vigente y acceder a fondos europeos para proyectos de

Continúa en página siguiente >>

<< Viene de página anterior

eficiencia energética. El director de la empresa te consulta diferentes opciones que tenía apuntadas y te pide que analices y le expliques los marcos normativos y herramientas institucionales más relevantes para este proceso.

Teniendo en cuenta el caso de ASSA y los contenidos de la unidad, ¿cuál de las siguientes opciones identifica correctamente tres instrumentos clave del marco normativo español y europeo que permiten medir, gestionar y reducir la huella de carbono en el sector del agua?

- **Ley 7/2021, de Cambio Climático y Transición Energética (España), Pacto Verde Europeo (UE), Oficina Española de Cambio Climático (OECC) - MITECO.**
- **Protocolo de Montreal, Plan Nacional de Residuos 2030 y Agencia Europea del Medio Ambiente (AEMA).**
- **Ley de Aguas de 1985, Directiva Marco del Agua (UE) y Registro Nacional de Emisiones Industriales (RETI).**
- **Acuerdo de París (ONU), ISO 9001:2015 y Consejo Nacional del Empleo y la Competitividad.**

Solución

La Ley 7/2021, de Cambio Climático y Transición Energética (España), Pacto Verde Europeo (UE), Oficina Española de Cambio Climático (OECC) - MITECO. Esta ley establece la obligatoriedad de calcular la huella de carbono para ciertas empresas, la elaboración de planos de reducción de GEI y el impulso de la neutralidad climática en 2050. Es el pilar legal nacional más relevante.

El Pacto Verde Europeo es la hoja de ruta estratégica de la UE para lograr la neutralidad climática en 2050. Incluye iniciativas como el "Fit for 55" y facilita el acceso a fondos europeos (NextGenerationEU, LIFE) para proyectos de descarbonización.

La Oficina Española de Cambio Climático (OECC), dependiente del MITECO, es la entidad encargada de coordinar las políticas climáticas en España, gestionar el registro de huella de carbono, gases de efecto invernadero y absorción de carbono y proporcionar herramientas de apoyo técnico y metodológico (como los factores de emisión oficiales).

La huella de carbono es una herramienta central para reducir emisiones, mejorar la eficiencia y disminuir la dependencia de combustibles fósiles, dentro de un enfoque global, colaborativo y orientado a la mitigación y adaptación.

Las principales organizaciones que lideran la lucha contra el cambio climático (CC) en España son:

Oficina española de CC - MITECO
 - Gestión y registro de herramientas de apoyo.
 - Rol centralizado

Consejo nacional del clima
 - Estrategias de CC

Comisión de coordinación de políticas de CC
 - Coordina políticas de CC

Comisión interministerial para el CC
 - CC y transición energética

4. Procesos en el ciclo integral del agua

☞ HILO CONDUCTOR

ASSA analiza su ciclo del agua realizando un diagnóstico de sus procesos. Identifica los puntos críticos de consumo energético y emisiones; instala sensores inteligentes para monitorizarlos en tiempo real; determina y valora las ineficiencias detectadas y prioriza las acciones que realizar según impacto, implementación y alineación con la normativa vigente. Descubre que reducir fugas ahorra agua y emisiones, mejorando su eficiencia y sostenibilidad operativa.

El **ciclo integral del agua** comprende los procesos que gestionan el recurso desde su captación hasta su retorno o reutilización, esenciales para el abastecimiento, saneamiento y sostenibilidad hídrica. Dado que también generan emisiones de GEI, es clave conocer sus etapas, detectar puntos críticos de consumo energético, medir y reducir su huella de carbono e impulsar innovaciones tecnológicas que aceleren la transición climática.

El ciclo integral del agua comprende varias etapas clave, tal como se representan en el siguiente esquema; observa dónde se ubican los principales puntos de emisión de GEI:

Proceso productivo del ciclo integral del agua

Potabilización
Agua bruta. Tratamiento.
ETAP. Calidad. Consumo

Consumo
Uso doméstico.
Demanda. Eficiencia

Depuración de CO_2
aguas residuales CH_4
EDAR. GEI. Eficiencia N_2O

Captación de agua
Fuentes naturales. Obtención.
Disponibilidad. Vulnerabilidad

Saneamiento y alcantarillado CO_2
Redes. Recolección. Conducción

Abastecimiento y
distribución CO_2
Transporte. Redes.
Bombeo

Retorno al ambiente

Las etapas de potabilización, abastecimiento y distribución y depuración de aguas residuales son las que generan mayor proporción de GEI en el ciclo del agua. La potabilización requiere procesos intensivos en energía (filtración, ozonización, desinfección), y el abastecimiento y la distribución requieren el bombeo de agua a través de redes extensas, consumiendo mucha electricidad, especialmente si proviene de fuentes no renovables.

En cuanto a las estaciones depuradoras de aguas residuales (EDAR), estas son fundamentales para la reutilización del agua, pero representan hasta el 26 % de la huella de carbono del ciclo del agua, debido a emisiones de CO_2, CH_4 y N_2O, así como al alto consumo energético en procesos clave.

Una EDAR es una instalación que trata aguas residuales para reducir su contaminación antes de su vertido, y su funcionamiento se organiza en tres líneas: agua, fango y, cuando aplica, gas.

🎥 VÍDEO

En este vídeo vas a poder aprender qué es una EDAR (estación depuradora de aguas residuales) y cómo funciona, así como los usos que la reutilización de las aguas residuales aporta a la sostenibilidad del planeta. Accede desde aquí.

https://redirectoronline.com/enaa00010107

A continuación, podrás conocer los procesos de mayor generación de GEI en una EDAR:

- **Aireación en tratamiento secundario:** esta etapa es la más intensiva en consumo energético de toda la EDAR, ya que requiere grandes cantidades de electricidad para bombear aire y mantener los microorganismos aerobios que descomponen la materia orgánica. Dado que la electricidad no se genera en la instalación, sino que se consume desde la red, estas emisiones se clasifican como alcance 2 (indirectas) y pueden ser especialmente elevadas si el mix energético proviene de fuentes fósiles no renovables.

- **Digestión anaerobia de fangos:** este proceso, aunque útil para generar biogás aprovechable como fuente de energía, puede emitir metano (CH_4) de forma fugitiva si no se gestiona adecuadamente. Dado que el CH_4 tiene un potencial de calentamiento global 28 veces mayor que el CO_2, su liberación a la atmósfera supone una importante emisión directa de gases de efecto invernadero, clasificada dentro del alcance 1. Por ello la correcta captura y utilización del biogás es esencial para minimizar el impacto climático de esta etapa.

- **Nitrificación/desnitrificación:** estos procesos biológicos, esenciales para la eliminación del nitrógeno en las EDAR, pueden generar óxido nitroso (N_2O), un gas de efecto invernadero con un potencial de calentamiento global 265 veces mayor que el CO_2. Las emisiones se producen principalmente cuando el tratamiento no está bien optimizado y se consideran emisiones directas (alcance 1). Su control preciso es clave para reducir el impacto climático de la depuración de aguas residuales.

⊃ **Bombeo y transporte de aguas y fangos:** esta etapa requiere sistemas de bombeo para mover grandes volúmenes de agua residual y fangos a lo largo de la EDAR, lo que implica un elevado consumo de electricidad. Al tratarse de una fuente de energía adquirida y no generada en la instalación, estas emisiones se clasifican como alcance 2 (indirectas). Su impacto puede reducirse mediante la optimización hidráulica, el uso de energías renovables y la mejora de la eficiencia energética de las bombas.

Conocer estos puntos críticos es esencial para optimizar procesos, reducir emisiones mediante la innovación tecnológica y avanzar hacia una economía circular y la neutralidad climática.

 EJEMPLO

La empresa irlandesa NVP Energy (Irlanda) ha desarrollado y patentado a nivel mundial Ambirobic®, una tecnología innovadora que mejora el tratamiento de aguas residuales de baja concentración, reduciendo hasta un 80 % el consumo energético y un 96 % la generación de lodos, ofreciendo una solución sostenible y de bajo costo operativo.

5. Conocimiento de la normativa vigente para paliar los efectos del cambio climático

 HILO CONDUCTOR

ASSA alinea sus objetivos con el Acuerdo de París, los ODS y buenas prácticas como "Reduce tu huella" y el Pacto Verde Europeo, identificando sinergias y presentando un proyecto de ecoeficiencia energética a fondos europeos, demostrando que la alineación normativa global facilita el acceso a financiamiento y refuerza su legitimidad.

Conocer la normativa climática es esencial para gestionar el agua de forma sostenible y descarbonizada, alineando las metas empresariales con los marcos europeos y nacionales, lo que facilita el acceso a financiamiento verde y mejora la competitividad.

El proceso de alineación comienza con la medición de la huella de carbono, estableciendo objetivos de reducción en concordancia con el Pacto Verde Europeo o el Acuerdo de París y el Registro de la huella de carbono (MITECO). Posteriormente se implementan acciones de mitigación y eficiencia y finalmente se accede a financiamiento verde y reconocimiento institucional, cerrando un ciclo estratégico que transforma el cumplimiento normativo en una ventaja competitiva.

 PARA SABER MÁS

Puedes acceder al Registro de la huella de carbono (MITECO) desde aquí.

https://redirectoronline.com/enaa00010108

Europa y España han implementado marcos normativos y herramientas para impulsar la descarbonización y una gestión sostenible del agua. A nivel europeo, destacan el Acuerdo de París, los ODS, el Pacto Verde, la iniciativa **"Race to Zero",** las directrices del IPCC y las normas ISO, junto con la cooperación transfronteriza y los fondos climáticos. En España, instrumentos como el Registro de Huella de Carbono, el Plan Nacional de Adaptación al Cambio Climático y los factores de emisión oficiales permiten medir, reducir y financiar acciones climáticas.

NOTA

Los marcos internacionales y europeos, como el Acuerdo de París y el Mecanismo de Recuperación y Resiliencia (NextGenerationEU), canalizan fondos clave —entre ellos LIFE y el Mecanismo de Transición Justa— hacia proyectos nacionales en España, promoviendo la descarbonización del sector hídrico (Comisión Europea, 2023). A través del MITECO y programas como el Plan de Recuperación, Transformación y Resiliencia, se financian iniciativas en eficiencia energética, depuración sostenible y tecnologías limpias, esenciales para avanzar en la transición ecológica (MITECO, 2024).

- -

TAREA 1

La empresa pública de gestión del agua AquaSur, que opera Almería, provincia afectada por sequías recurrentes y aumento del consumo energético en sus procesos, ha decidido medir su huella de carbono para cumplir con nuevas exigencias regulatorias y acceder a fondos de transición ecológica. Como parte del equipo técnico, te han encomendado que elabores un informe para la dirección en el que:

1. Identifiques tres etapas del ciclo integral del agua que generan mayores emisiones de gases de efecto invernadero, explicando brevemente por qué.
2. Selecciones dos marcos normativos o iniciativas climáticas que podrían guiar a AquaSur en la medición y reducción de su huella de carbono.
3. Expliques cómo la gestión de la huella de carbono puede convertirse en una herramienta estratégica para mitigar el impacto del cambio climático en el sector hídrico.

- -

6. Impactos del cambio climático en el desarrollo empresarial

👉 HILO CONDUCTOR

ASSA identifica riesgos climáticos, operativos y reputacionales en diversos escenarios, los integra en su sistema de gestión de riesgos y en su memoria de sostenibilidad y reconoce que el cambio climático es un asunto estratégico que trasciende el área ambiental y afecta transversalmente a toda la organización física.

- -

El cambio climático es un desafío estratégico para las empresas, afectando sus operaciones, finanzas y reputación. Ante recursos limitados, eventos extremos y regulaciones más estrictas, actuar es vital para asegurar su sostenibilidad y competitividad. La inacción implica riesgos graves, mientras que adoptar medidas climáticas ofrece oportunidades de innovación y resiliencia.

En el siguiente esquema podrás apreciar las cuatro dimensiones de impacto del cambio climático a nivel empresarial, infiriendo la importancia de la acción y su abordaje:

Operacionales y recursos
Afecciones al recurso hídrico. Eventos climáticos extremos. Disrupciones en la cadena de suministro. Aumento del consumo energético. Impacto en la agricultura. Daños a la infraestructura.

Financieros y económicos
Incremento de costos operativos. Influencia en las decisiones de inversión. Acceso a financiamiento. Roles del sector financiero.

Impactos del cambio climático en empresas

Regulatorios y de gobernanza
Obligaciones de cálculo y reporte. Necesidad de gobernanza integrada.Transparencia.

En reputación y estrategia
Demanda de consumidores e inversores. Mejora de la reputación. Ecoeficiencia y competitividad.

Pero estos retos también abren oportunidades, como acceder a financiamiento verde, mejorar la eficiencia y reforzar la confianza mediante una gestión climática proactiva.

7. La huella de carbono como herramienta de gestión empresarial de cambio climático

 HILO CONDUCTOR

ASSA adopta la huella de carbono como herramienta estratégica, mide sus emisiones en los tres alcances y publica un informe transparente con el compromiso de reducirlas un 30 % en cinco años. Este proceso no solo da visibilidad a la empresa, sino que permite actuar con precisión y ha unido al equipo en una misión común de sostenibilidad.

- -

La huella de carbono ha evolucionado de una métrica aislada a un enfoque estratégico que **impulsa la sostenibilidad empresarial.** Hoy, se integra en la Huella Ambiental Corporativa (HAC), un modelo más completo que evalúa múltiples impactos ambientales a lo largo del ciclo de vida, siguiendo estándares internacionales como ISO/TS 14072, el GHG Protocol y las directrices de la ONU. Esta evolución permite alinear la gestión del agua con estrategias climáticas, evitar desplazamientos de carga y fortalecer sistemas como ISO 14001, alineando recursos financieros para su implementación.

A continuación, se esquematiza la evolución de la gestión ambiental, desde la medición inicial de emisiones de CO_2 hacia **un enfoque integral y estratégico,** capaz de integrar múltiples indicadores de sostenibilidad y responder a los retos climáticos del siglo XXI:

8. Resumen

El cambio climático, impulsado por la actividad humana, altera el ciclo del agua con mayor frecuencia de sequías e inundaciones, afectando la disponibilidad, calidad y gestión del recurso.

A su vez, los procesos de gestión del agua generan emisiones de GEI, lo que confirma una relación bidireccional. Frente a estos desafíos, comprender esta interdependencia y aplicar herramientas como la huella de carbono es esencial para mitigar emisiones, adaptarse al cambio climático y descarbonizar el sector.

La gestión sostenible del agua basada en la medición y reducción de la huella de carbono no solo fortalece la resiliencia del sector y genera beneficios empresariales clave, como eficiencia operativa, cumplimiento normativo y acceso a financiamiento verde:

Gestión de la huella de carbono

Pros	Contras
- Mejora reputación. - Ecoeficiencia y competitividad. - Gestión del riesgo y resiliencia. - Contribución climática.	- Costos iniciales. - Complejidad de implementación. - Resistencia al cambio.

Gestión del agua
Un eje de resiliencia, efectividad y compromiso climático

Ejercicios de autoevaluación
Unidad de Aprendizaje 1

1. Determina si la siguiente afirmación es verdadera o falsa: "Los procesos del ciclo integral del agua no generan emisiones de gases de efecto invernadero (GEI), ya que solo consumen agua y energía de forma indirecta".

   ■ Verdadero
   ■ Falso

2. Determina si la siguiente afirmación es verdadera o falsa: "La huella de carbono permite identificar los puntos críticos de consumo energético y emisiones en el ciclo integral del agua, contribuyendo a la mitigación del cambio climático".

   ■ Verdadero
   ■ Falso

3. ¿Cuál de las siguientes instalaciones puede llegar a representar hasta el 26 % de la huella de carbono del ciclo integral del agua?

   a. Plantas desaladoras
   b. Estaciones depuradoras de aguas residuales (EDAR)
   c. Torres de refrigeración industrial
   d. Embalses hidroeléctricos

4. ¿Cuáles de las siguientes medidas forman parte de una estrategia integrada de adaptación y mitigación en la gestión del agua? Selecciona las opciones correctas.

   a. Descarbonización de procesos
   b. Uso de tecnologías sostenibles en EDAR
   c. Aumento del bombeo sin mejoras energéticas
   d. Fortalecimiento de la resiliencia de comunidades y ecosistemas

5. **¿Qué beneficios empresariales aporta la gestión de la huella de carbono en el sector hídrico? Selecciona las opciones correctas.**

    a. Acceso a financiamiento verde
    b. Mejora de la eficiencia operativa
    c. Cumplimiento normativo
    d. Aumento del consumo energético

Cálculo y gestión de la huella de carbono en el ciclo integral del agua

Contenido

Objetivos

El objetivo general de esta Unidad de Aprendizaje es:

→ Analizar el proceso de cálculo, verificación, gestión y comunicación de la huella de carbono en el ciclo integral del agua, identificando buenas prácticas, herramientas y casos de éxito para promover la sostenibilidad climática en las organizaciones del sector hídrico.

Los objetivos específicos de esta Unidad de Aprendizaje son:

→ Cuantificar emisiones del ciclo integral del agua por alcances 1, 2 y 3.

→ Describir las fases de verificación de la huella de carbono en el proceso de cálculo.

→ Elaborar informes de huella de carbono siguiendo estándares internacionales.

→ Aplicar el ciclo de gestión de la huella de carbono mediante estrategias concretas de medición, reducción, compensación y promoción de la conciencia ambiental.

→ Analizar casos de éxito en el cálculo y gestión de la huella de carbono, extrayendo buenas prácticas y lecciones aprendidas para su replicabilidad.

→ Aplicar correctamente factores de emisión oficiales del Ministerio para la Transición Ecológica.

1. Introducción

La medición y gestión de la huella de carbono se ha consolidado como una herramienta estratégica esencial en el sector del agua, donde el ciclo integral —captación, potabilización, distribución, saneamiento y depuración— representa una parte significativa del consumo energético y de las emisiones de gases de efecto invernadero (GEI).

Este proceso aporta beneficios en tres dimensiones clave:

- ⮕ **Económica,** al identificar ahorros energéticos y reducir costos.
- ⮕ **Ambiental,** al impulsar la descarbonización y la mitigación del cambio climático mediante acciones como auditorías energéticas, instalación de paneles solares en EDAR, rehabilitación de redes para reducir fugas y adopción de flota eléctrica.
- ⮕ **Estratégica,** donde permite mejorar la reputación institucional, cumplir con la normativa y acceder al Registro de Huella de Carbono del MITECO, tras presentar un informe verificado según estándares internacionales y factores de emisión oficiales.

Retomando el caso de Aguas Sostenibles del Sur S. A. (ASSA), se ilustra cómo el cálculo, gestión y registro de la huella de carbono permite transformar la gestión empresarial en el sector hídrico, dejando de ser una métrica aislada para convertirse en un eje transversal de innovación, eficiencia y resiliencia en la gestión del agua

2. Cálculo de la huella de carbono

☞ **HILO CONDUCTOR**

ASSA inicia el cálculo de su huella de carbono para 2024, estableciendo límites y recopilando datos de electricidad, combustible y procesos clave. Aplica factores del MITECO y metodologías del GHG Protocol e ISO 14064-1 para cuantificar las emisiones de los alcances 1, 2 y 3. Identifica que el alcance 2 (electricidad) representa más de la mitad de sus emisiones, principalmente por bombeo y depuración, lo que lleva a priorizar la eficiencia energética como acción clave.

La **huella de carbono** se define como la medición integral de todos los gases de efecto invernadero (GEI), expresadas en toneladas de dióxido de carbono equivalente (tCO_2eq), generadas directa o indirectamente a lo largo del ciclo de vida y es un indicador clave para evaluar el impacto climático de una organización, producto o actividad y diseñar estrategias efectivas de reducción de emisiones.

2.1. Emisiones de alcance 1, 2 y 3

En el ciclo integral del agua, el cálculo de la huella de carbono permite identificar las **fuentes de emisión** asociadas a cada fase del proceso —captación, potabilización, distribución, saneamiento y depuración— y establecer medidas de reducción efectivas sobre los distintos alcances o niveles de emisiones. Estas emisiones se clasifican en tres alcances, según su origen y el grado de control que la organización tiene sobre ellas:

Alcance 1	**Emisiones directas de GEI. Representan 30 % del total** - Origen: fuentes que la organización posee o controla directamente. - Combustión de calderas, hornos y vehículos propios. Emisiones fugitivas (aire acondicionado, metano en procesos de depuración). Emisiones de proceso en EDAR.
Alcance 2	**Emisiones indirectas. Representan hasta el 68,2 % del total** - Origen: derivadas del consumo de electricidad, vapor, calor o frío. - Consumo eléctrico en EDAR, estaciones de bombeo, oficinas.
Alcance 3	**Todas las demás emisiones indirectas de la cadena de valor** - Transporte de lodos y residuos. Producción de materiales adquiridos (productos químicos para tratamientos). Viajes de negocios y desplazamientos de empleados. Tratamiento y disposición final de residuos. Cálculo opcional, pero relevante.

Su cálculo implica identificar las fuentes de emisión, cuantificar los consumos de energía, combustibles y materiales, y aplicar factores de emisión oficiales, siguiendo estándares internacionales reconocidos.

Para garantizar precisión, transparencia y comparabilidad, es fundamental basarse en metodologías robustas, cuyo resultado final es un informe verificado que permite gestionar, reducir y comunicar el impacto climático.

Las principales herramientas y estándares que sustentan un cálculo riguroso de la huella de carbono en el ciclo integral del agua, donde la combinación del **Protocolo GHG** (como base metodológica) **y la norma ISO 14064-1** (verificación), constituyen una alternativa ampliamente recomendada para el sector hídrico. En este contexto, resulta clave revisar las metodologías disponibles para el cálculo de la huella de carbono en el ciclo integral del agua, considerando sus enfoques, alcances y niveles de aplicación:

➲ **Metodologías:** las principales metodologías para calcular la huella de carbono en organizaciones del ciclo integral del agua presentan diferencias clave en enfoque, alcance y nivel de formalidad. El GHG Protocol e ISO 14064-1 son las más utilizadas: el primero es un estándar global flexible y ampliamente reconocido, ideal para diseñar inventarios de emisiones; la segunda es una norma internacional rigurosa, adecuada para informes verificables y con valor técnico-legal. Ambas cubren los tres alcances (directos, indirectos por energía y otros indirectos) y son altamente aplicables al sector hídrico.
La ISO 14069 y PAS 2050 se centran más en productos y servicios, siendo útiles para evaluar la huella de m^3 de agua tratada o suministrada, aunque son menos comunes en la gestión operativa diaria. Por su parte, ISO 14046 y el enfoque de Water Footprint Network no miden directamente la huella de carbono, pero permiten integrar el uso del agua con el consumo energético y sus emisiones, siendo útiles en estrategias de sostenibilidad hídrica.

➲ **Ventajas:** algunas de las principales herramientas internacionales para la medición de la huella de carbono, cuya aplicación ofrece ventajas estratégicas para el sector del agua al combinar rigor técnico, reconocimiento institucional y enfoque sistémico, son:

　◍ Protocolo GHG: accesible, completo y alineado con estándares globales.
　◍ ISO 14064-1: alto nivel de credibilidad, permite verificación externa.
　◍ PAS 2050 e ISO 14046: enfoque de ciclo de vida y vinculación agua-energía-clima.

➲ **Recomendación:** para organizaciones del ciclo del agua, se recomienda utilizar el GHG Protocol como base metodológica y complementarlo con ISO 14064-1 para la verificación (ambos exigen usar factores de emisión reconocidos y documentar las fuentes), asegurando un cálculo riguroso, transparente y reconocido internacionalmente. En contextos que requieran integración con huella hídrica o análisis de servicios, se pueden incorporar herramientas como ISO 14046 o PAS 2050 como apoyo.

La implementación del proceso de cálculo de la huella de carbono ofrece beneficios **económicos** (ahorro energético y reducción de costes), **ambientales** (descarbonización y mitigación del cambio climático) y **estratégicos** (mejora de imagen, cumplimiento normativo, participación en iniciativas globales, transparencia y compensación de emisiones), avanzando hacia una gestión sostenible, rentable y alineada con los objetivos climáticos globales.

En el esquema siguiente, podrás conocer los pasos secuenciales de un proceso de implementación de medición, registro y gestión de la huella de carbono en una organización del ciclo del agua que conforman este proceso de cálculo:

Pasos secuenciales para medir la huella de carbono en el ciclo del agua

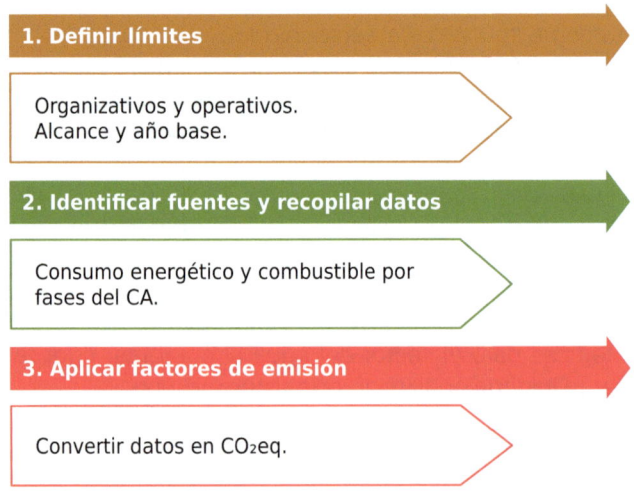

1. Definir límites

Organizativos y operativos.
Alcance y año base.

2. Identificar fuentes y recopilar datos

Consumo energético y combustible por fases del CA.

3. Aplicar factores de emisión

Convertir datos en CO_2eq.

Continúa en página siguiente >>

<< Viene de página anterior

4. Evaluar el impacto

Clasificar y caracterizar emisiones por categorías ambientales.

5. Reportar y verificar

Con transparencia y precisión.
Validado externamente.

Inventariar emisiones + implantar sistema de recogida de información respaldados.	Multiplicar datos de consumo de la actividad por los factores de emisión, siguiendo instrucciones del MITECO.	Reflexionar e identificar puntos críticos. Realizar un plan de reducción. Auditar - certificar (empresa externa).

 PARA SABER MÁS

En los siguientes enlaces, encontrarás explicaciones del proceso de cálculo, acceso a los factores de emisión y a una calculadora de huella de carbono. Accede desde aquí.

https://redirectoronline.com/enaa00010201

Continúa en página siguiente >>

<< Viene de página anterior

https://redirectoronline.com/enaa00010202

 APLICACIÓN PRÁCTICA

Eres responsable ambiental en una empresa de gestión del ciclo integral del agua. La dirección te pide elaborar el inventario de emisiones de gases de efecto invernadero (GEI) para conocer la huella de carbono de la organización y diseñar un plan de reducción. Sabes que el cálculo implica identificar fuentes de emisión en todas las fases (captación, potabilización, distribución, saneamiento y depuración), clasificarlas en tres alcances según su origen y grado de control y aplicar metodologías reconocidas para garantizar rigor y verificación. ¿Qué combinación de herramientas internacionales es la más recomendada para asegurar un cálculo riguroso, transparente y verificable en el sector hídrico?

Solución

La combinación del Protocolo GHG (como base metodológica) y la norma ISO 14064-1 (verificación) constituyen una alternativa ampliamente recomendada para el sector hídrico, ya que permiten cuantificar emisiones con una metodología estandarizada y facilitan la verificación externa. El Protocolo GHG permite definir límites, clasificar emisiones en alcance 1, 2 y 3, y estructurar el inventario, mientras que la ISO 14064-1 establece los requisitos para la cuantificación, monitoreo, reporte y verificación del inventario, lo cual es esencial para la validación externa por entidades acreditadas (ENAC) y para inscribirse en el Registro de huella de carbono del MITECO.

ACTIVIDAD COMPLEMENTARIA

2. Investiga y analiza las operaciones de una empresa pública o privada de gestión del agua de tu localidad. Consulta su página web, informes de sostenibilidad, noticias locales o documentos públicos disponibles en línea y lleva a cabo las siguientes tareas:

- Identifica al menos seis fuentes de emisiones GEI asociadas a su actividad.
- Clasifica las fuentes de emisión según su alcance, justificando brevemente.
- Registra esta información en la tabla.

 TAREA 2

La empresa Aguas Sostenibles del Sur S. A. (ASSA), que gestiona el ciclo integral del agua en Sevilla, está elaborando su inventario de emisiones de gases de efecto invernadero (GEI) para el año 2024, con el fin de presentar su huella de carbono al Registro de Huella de Carbono del MITECO. Como parte del equipo técnico, te han encargado que consultes el documento oficial del MITECO *Guía de conceptos básicos para la huella de carbono* y extraigas los siguientes factores de emisión necesarios para el cálculo:

- Factor de emisión actualizado, de la gasolina E5, empleado en furgones y furgonetas (N1) (nota: si no existe el valor para 2024, deberás aplicar el criterio establecido en la normativa: utilizar el valor más alto disponible entre los años anteriores (2021, 2022, 2023)).

- Factor de emisión actualizado, de la electricidad suministrada por la comercializadora AIRE LIMPIO S. L. (nota: este factor depende del *mix* energético de la comercializadora).

Una vez localizados, indica el valor de cada factor (en kg CO_2eq/ud) y justifica brevemente tu elección.

Continúa en página siguiente >>

<< Viene de página anterior

Accede al documento del MITECO desde el enlace proporcionado y realiza lo siguiente:

- Busca en las tablas correspondientes: el factor de emisión del gasóleo para furgonetas y furgones y el factor de emisión de Aire Limpio S. L.
- Registra los valores encontrados.
- Aplica el criterio del valor más alto si no hay datos para 2024.
- Responde a las siguientes preguntas con claridad y precisión.
- ¿Cuál es el factor de emisión actualizado de la gasolina E5, para furgonetas y furgones para el año 2024? (En kg CO_2eq/l).
- ¿Cuál es el factor actualizado de emisión de la electricidad de la comercializadora Aire Limpio S. L. para 2024? (En kg CO_2eq/kWh).

Puedes acceder al documento desde aquí:

https://redirectoronline.com/enaa00010202

---

3. Fases de verificación

 HILO CONDUCTOR

Para garantizar la credibilidad de sus resultados, ASSA somete su inventario de emisiones a una verificación externa por una entidad acreditada por ENAC. Este proceso revisa la identificación de consumos, la precisión de cálculos, los sistemas de gestión de la información y la coherencia del informe. Esta validación es esencial para fortalecer la transparencia y cumplir con los requisitos del Registro de Huella de Carbono del MITECO.

La verificación del cálculo de la huella de carbono garantiza que los datos y resultados sean completos, exactos, coherentes y transparentes, mediante una evaluación independiente, donde se revisa la identificación correcta de consumos, precisión de cálculos, sistemas de gestión de información y el contenido del informe. *En* España, la verificación es obligatoria para la inscripción en el Registro de Huella de Carbono del MITECO, excepto para pymes que **calculen y reporten solo** los alcances 1 y 2 con factores de emisión oficiales (sin solicitar la inscripción en el registro).

Su realización implica la adopción de metodologías reconocidas como el Protocolo GHG, ISO 14064 e ISO 14069, que permiten la verificación externa por entidades acreditadas.

Como resultado, se obtiene un **informe verificado, un certificado y una declaración oficial,** donde el proceso de verificación garantiza la integridad y confiabilidad de los datos y resultados.

Proceso de verificación del cálculo de huella de carbono en el ciclo del agua

Identificación adecuada de los conumos
- Verificación: identificación y respaldo correcto de los datos.

Precisión de los cálculos
- Revisión: exactitud de los cálculos realizados según la metodología elegida.

Sistema de obtención y consolidación de la información
- Evaluación: APP informáticas y sistemas utilizados para gestionar la información.

Contenido del informe
- Revisión: verificar que cumpla con los requisitos de transparencia y completitud.

 **PARA SABER MÁS**

Empresas como Emuasa, Aquavall y EMASESA han verificado sus huellas (de carbono y agua) según normas internacionales, reforzando la credibilidad de sus inventarios. Puedes acceder a sus páginas web desde los siguientes enlaces.

https://redirectoronline.com/enaa00010203

https://redirectoronline.com/enaa00010204

https://redirectoronline.com/enaa00010205

4. Informe de huella de carbono

☞ HILO CONDUCTOR

ASSA elabora un informe de huella de carbono conforme a estándares internacionales, estructurado en un resumen ejecutivo, un informe principal (metodología, cálculos y análisis), un anexo técnico y un informe confidencial con datos sensibles. Este documento es la base de su comunicación climática con las partes interesadas y el soporte para su inscripción oficial en el Registro de huella de carbono.

En este apartado se describen los elementos fundamentales que conforman un informe de huella de carbono, desde sus características generales hasta los requisitos metodológicos y de validación que garantizan su credibilidad y utilidad práctica.

4.1. Aspectos generales

El informe de huella de carbono compila y presenta de manera estructurada los resultados del cálculo de las emisiones de GEI de una organización, producto, evento o individuo, detallando los factores utilizados, los límites del estudio y otros elementos esenciales relacionados con las emisiones de GEI.

Su confección sigue metodologías reconocidas como el Protocolo GHG y las normas ISO 14064 e ISO 14069 y debe ser **relevante, completo, consistente, preciso** y **transparente.**

La validación del informe, realizada por empresas acreditas por ENAC, permite la inscripción de la organización en el Registro de Huella de Carbono del MITECO.

4.2. Formato y contenido del informe de huella de carbono en el ciclo del agua

Un informe completo debe estructurarse en:

- **Resumen:** sección autónoma con elementos clave del estudio, principales resultados y conclusiones.
- **Informe principal:** memoria exhaustiva que documenta todas las fases del estudio.
- **Anexo:** información técnica de apoyo.
- **Informe confidencial (opcional):** para datos sensibles.

 PARA SABER MÁS

Los informes de huella de carbono deben mantener los elementos fundamentales para la verificación y la comparabilidad especificada en la normativa adoptada; sin embargo, existe flexibilidad en el diseño y profundidad de cada sección, siempre que se garantice la trazabilidad, consistencia y completitud del inventario de emisiones. A continuación, te presentamos dos ejemplos de informes validados. Accede desde aquí para verlos.

https://redirectoronline.com/enaa00010206

https://redirectoronline.com/enaa00010207

Esta estructura general clara y estandarizada garantiza su rigor, transparencia y verificabilidad, alineándose con metodologías reconocidas como el Protocolo GHG y la norma ISO 14064-1.

Cada parte del informe está reservada para la inclusión de contenidos concretos y definidos, como se muestra en el siguiente esquema:

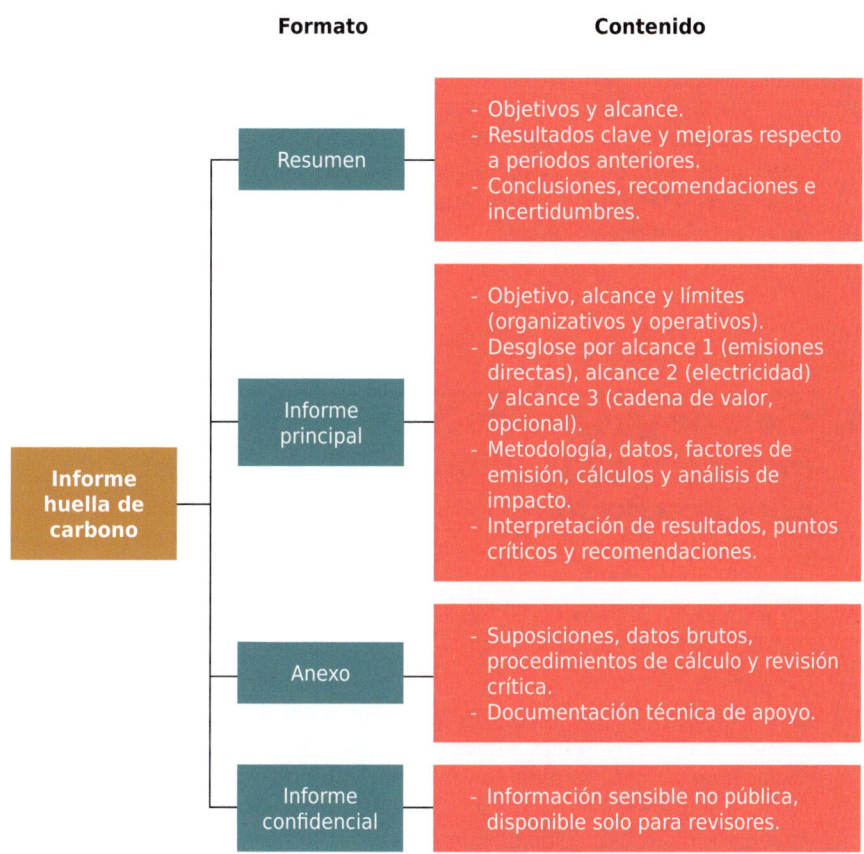

El formato de un informe de cálculo de huella de carbono debe incluir un resumen ejecutivo, el informe principal (con objetivos, alcance, metodología, resultados y análisis) y un anexo técnico con los datos brutos y cálculos detallados. No obstante, aunque estos componentes son esenciales, y pueden presentar algunas variaciones según el tamaño de la organización, el sector de actividad o los requisitos específicos del registro al que se pretende acceder, como el Registro de huella de carbono del MITECO. Por ejemplo, algunas empresas pueden optar por incluir un informe confidencial para datos sensibles o adaptar el nivel de detalle según el público objetivo. Así, mientras se mantienen los elementos fundamentales para la verificación y la comparabilidad, existe flexibilidad en el diseño y profundidad de cada sección, siempre que se garantiza la trazabilidad, consistencia y completitud del inventario de emisiones.

IMPORTANTE

Este informe es muy importante y sirve como base para la toma de decisiones, gestión de emisiones, reducción de impacto climático y comunicación transparente con las partes interesadas, alineando la gestión empresarial con los objetivos climáticos globales.

----

5. Ciclo de gestión de la huella de carbono: medición, reducción, compensación y concienciación

 HILO CONDUCTOR

ASSA aplica de forma integral el ciclo de gestión. Medición: calcula anualmente su huella, estableciendo un año base de partida. Reducción: implementa auditorías energéticas, paneles solares en EDAR, flota eléctrica y rehabilitación de redes. Compensación: neutraliza hasta el 10 % de emisiones residuales mediante proyectos de restauración de humedales registrados (MITECO). Concienciación: lanza la campaña "Agua y clima", capacita a su personal y publica un informe anual ciudadano para fomentar la sostenibilidad.

El **ciclo de gestión de la huella de carbono** es un proceso integral que abarca la **medición, reducción, compensación y concienciación** de las emisiones de gases de efecto invernadero (GEI) de una organización.

Como se muestra en la imagen siguiente, este ciclo constituye, además, una herramienta fundamental para la gestión empresarial del cambio climático y el avance hacia un futuro más sostenible:

1. Medición
- En esta fase se establecen los límites organizativos y operativos necesarios para delimitar el alcance del inventario de emisiones. A continuación, se recopilan los datos de actividad, como los consumos de combustibles fósiles y electricidad, a los que se aplican factores de emisión reconocidos para calcular las emisiones de gases de efecto invernadero. Este cálculo se realiza desglosado por los tres alcances de emisiones: directas (alcance 1), indirectas por consumo de energía (alcance 2) y otras indirectas a lo largo de la cadena de valor (alcance 3).

2. Reducción
- Para disminuir la huella de carbono, se implementan medidas de eficiencia energética, como la optimización del consumo y la realización de auditorías energéticas. Se impulsa la transición hacia energías renovables y se promueve una gestión sostenible de la movilidad, reduciendo así las emisiones del transporte. Asimismo, se optimizan los procesos productivos mediante la incorporación de tecnologías más eficientes, especialmente en ciclos intensivos en recursos como el del agua.

3. Compensación
- Una vez maximizadas las medidas de reducción, se recurre a mecanismos de compensación mediante la participación en registros oficiales, como el del Ministerio para la Transición Ecológica y el Reto Demográfico (MITECO), apoyando la creación de sumideros de carbono a través de proyectos de reforestación y restauración de ecosistemas y/o adquiriendo créditos de certificados de carbono para compensar las emisiones residuales.

4. Concienciación
- En esta fase se fomenta la sensibilización y formación del personal interno sobre la importancia de la descarbonización. Se realiza una comunicación externa transparente mediante informes de sostenibilidad y se obtienen sellos y certificaciones reconocidas. Además, se informa al consumidor sobre la huella de carbono de productos o servicios, promoviendo decisiones más sostenibles.

6. Casos de éxito del cálculo de la huella de carbono de una organización

☞ HILO CONDUCTOR

Inspirándose en casos de éxito como Emuasa y Aquavall y el programa panameño "Reduce tu huella", permiten a ASSA adoptar buenas prácticas y recomendaciones (estandarización, controles, tecnologías, energías renovables, compra de energía renovable certificada, verificación externa según ISO 14064, etc.). Estos ejemplos refuerzan su estrategia y demuestran que la gestión climática es posible, rentable y replicable.

A continuación, podrás conocer dos casos de éxito, a modo de ejemplo, de empresas españolas que han medido y registrado su huella de carbono e inspirarte en sus aprendizajes a la hora de implementar el proceso en tu organización:

Emuasa (Murcia, España)	- La empresa calculó su huella de carbono correspondiente al año 2014, incluyendo los alcances 1 y 2, con la verificación externa realizada conforme a la norma ISO 14064, garantizando así la transparencia y confiabilidad de los datos. Desde 2012, ha adoptado el uso de electricidad con garantía de origen renovable, lo que le permitió no solo reducir significativamente sus emisiones indirectas asociadas al consumo energético, sino alcanzar un saldo positivo en su balance de emisiones. Como lección clave, se destaca que la contratación de energía renovable certificada es una medida altamente efectiva para disminuir las emisiones del alcance 2, contribuyendo de forma directa a su compromiso con la sostenibilidad y la descarbonización.

Continúa en página siguiente >>

<< *Viene de página anterior*

Aquavall (Valladolid, España)	- La empresa, gestora del agua en Valladolid, España, ha logrado reducir su huella de carbono en más del 70 % desde 2018, posicionándose como un referente en sostenibilidad dentro del sector hídrico. Para alcanzar este logro, implementó un proceso riguroso de medición de emisiones basado en estándares internacionales como el Protocolo GHG y la norma ISO 14064-1, centrándose en los alcances 1 y 2. La sostenibilidad está plenamente integrada en su estrategia corporativa y, tras identificar los procesos de bombeo y depuración —altamente dependientes del consumo energético— como principales fuentes de eficiencia, desarrolló un plan estratégico orientado a la energética, la instalación de sistemas de autoconsumo fotovoltaico, la optimización de procesos operativos y una gestión sostenible de sus activos, consolidando así su compromiso con la descarbonización y la transición ecológica.

7. Resumen

Calcular la huella de carbono en el ciclo integral del agua es una herramienta estratégica esencial para impulsar una gestión sostenible, eficiente y alineada con los objetivos climáticos globales. Este proceso permite identificar y cuantificar rigurosamente las emisiones de gases de efecto invernadero (GEI) generadas en todas sus etapas: captación, potabilización, distribución, saneamiento y depuración.

El cálculo se basa en estándares internacionales como el Protocolo GHG, la norma ISO 14064-1 y los factores de emisión oficiales del MITECO, que permiten clasificar las emisiones en tres alcances: 1 (emisiones directas), 2 (indirectas) y 3 (resto de emisiones indirectas del ciclo de vida), asegurando una evaluación completa, transparente y comparable.

Alcance 1	**Emisiones directas de GEI. Representan 30 % del total** - Origen: fuentes que la organización posee o controla directamente. - Combustión de calderas, hornos y vehículos propios. Emisiones fugitivas (aire acondicionado, metano en procesos de depuración). Emisiones de proceso en EDAR.
Alcance 2	**Emisiones indirectas. Representan hasta el 68,2 % del total** - Origen: derivadas del consumo de electricidad, vapor, calor o frío. - Consumo eléctrico en EDAR, estaciones de bombeo, oficinas.
Alcance 3	**Todas las demás emisiones indirectas de la cadena de valor** - Transporte de lodos y residuos. Producción de materiales adquiridos (productos químicos para tratamientos). Viajes de negocios y desplazamientos de empleados. Tratamiento y disposición final de residuos. Cálculo opcional, pero relevante.

Para garantizar la precisión, se requiere definir límites claros, recopilar datos confiables de consumo energético y combustibles, aplicar factores de emisión actualizados y elaborar un informe estructurado según los criterios de completitud y coherencia. La verificación externa por entidades acreditadas por ENAC es fundamental para validar los resultados y acceder al Registro de Huella de Carbono del MITECO, reforzando la credibilidad y el reconocimiento institucional.

Una vez cuantificada la huella, se activa un ciclo de gestión integral compuesto por medición, reducción, compensación responsable de emisiones residuales y concienciación interna y externa. Este enfoque sistémico impulsa la innovación y la mejora continua.

Casos como Emuasa y Aquavall demuestran que la descarbonización es viable, rentable y transformadora, posicionando al sector hídrico como un agente clave en la transición ecológica.

El esquema que se presenta a continuación sintetiza de forma clara y estructurada este proceso, ofreciendo una visión completa y aplicada de la gestión climática en el sector del agua:

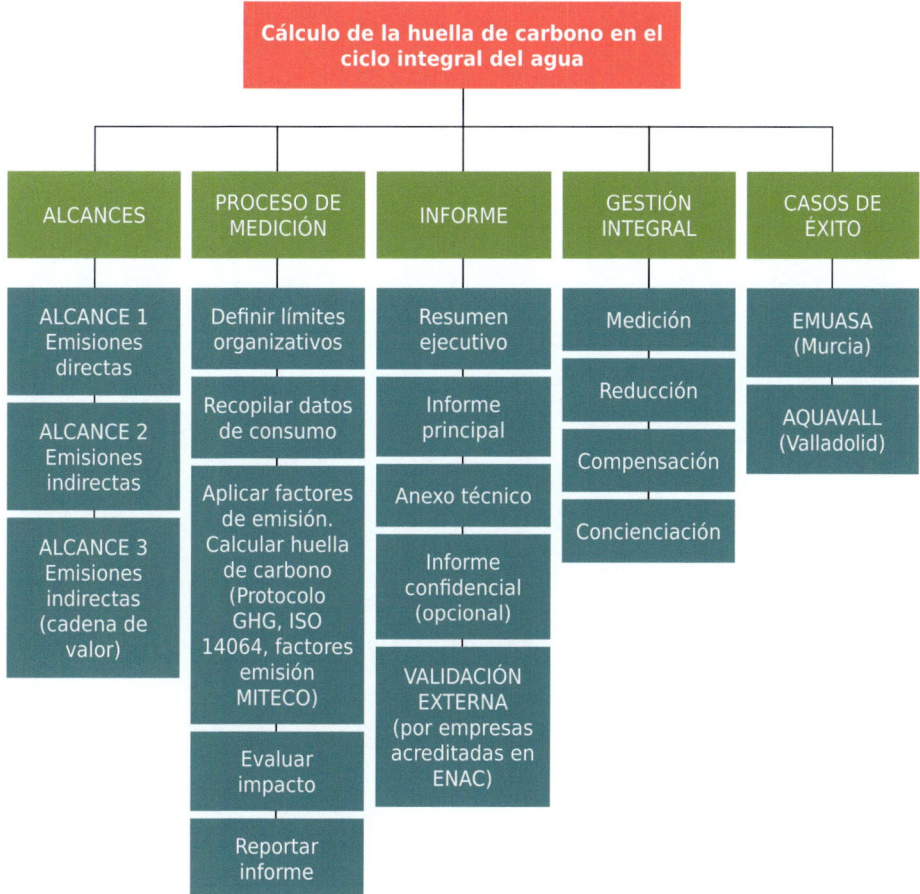

Ejercicios de autoevaluación
Unidad de Aprendizaje 2

1. Determina si la siguiente afirmación es verdadera o falsa: "La verificación externa del cálculo de la huella de carbono es obligatoria para todas las empresas que deseen inscribirse en el Registro de Huella de Carbono del MITECO, sin excepciones".

   ■ Verdadero
   ■ Falso

2. ¿Cuál de las siguientes opciones describe correctamente el alcance 2 de la huella de carbono en el ciclo integral del agua?

   a. Emisiones directas de vehículos y calderas propiedad de la empresa.
   b. Emisiones por la producción de productos químicos adquiridos para el tratamiento del agua.
   c. Emisiones indirectas derivadas del consumo de electricidad en EDAR y estaciones de bombeo.
   d. Emisiones fugitivas de metano en procesos de digestión anaerobia.

3. Selecciona las dos metodologías internacionalmente reconocidas que sustentan el cálculo y verificación de la huella de carbono en el sector del agua. Selecciona las opciones correctas.

   a. Protocolo GHG
   b. ISO 9001
   c. ISO 14064-1
   d. Ley 7/2021 de Cambio Climático

4. ¿Cuáles de las siguientes acciones forman parte del ciclo de gestión de la huella de carbono? Selecciona las opciones correctas.

   a. Medición de emisiones anuales y establecimiento de un año base.
   b. Implementación de auditorías energéticas y flota eléctrica.

c. Compensación responsable de emisiones residuales mediante proyectos validados.

d. Eliminación total de todas las emisiones sin necesidad de compensación.

5. **Determina si la siguiente afirmación es verdadera o falsa: "El informe de huella de carbono debe estructurarse en resumen ejecutivo, informe principal, anexo técnico y, opcionalmente, un informe confidencial con datos sensibles".**

   - Verdadero
   - Falso

Glosario

Acuerdo de París
Acuerdo internacional bajo la Convención Marco de las Naciones Unidas sobre el Cambio Climático, que establece medidas para la reducción de emisiones de gases de efecto invernadero a partir de 2020.

Adaptación
Estrategias y acciones para hacer frente a los impactos del cambio climático, aumentando la resiliencia de los sistemas naturales y humanos.

Alcance 1
Emisiones directas de gases de efecto invernadero provenientes de fuentes propiedad o controladas por la organización, como combustión en vehículos propios o emisiones de procesos industriales.

Alcance 2
Emisiones indirectas asociadas al consumo de electricidad, vapor, calor y frío adquiridos y consumidos por la organización.

Alcance 3
Otras emisiones indirectas que son consecuencia de las actividades de la organización, pero que provienen de fuentes que no son propiedad ni están controladas por la organización, como la cadena de suministro o el uso de productos vendidos.

Cambio climático
Modificación del clima atribuida directa o indirectamente a la actividad humana que altera la composición de la atmósfera mundial y que se suma a la variabilidad climática natural observada a lo largo de períodos comparables.

Ciclo de gestión de la huella de carbono
Proceso integral que abarca la medición, reducción, compensación y concienciación de las emisiones de gases de efecto invernadero de una organización.

Ciclo integral del agua
Conjunto de procesos que gestionan el recurso hídrico desde su captación hasta su retorno o reutilización, incluyendo etapas como potabilización, distribución, saneamiento y depuración.

Compensación
Acciones para contrarrestar las emisiones de gases de efecto invernadero que no han podido ser reducidas, mediante la inversión en proyectos que capturan o evitan emisiones, como la restauración de humedales.

Concienciación
Proceso de sensibilización y formación dirigido a empleados, clientes y sociedad en general sobre la importancia de reducir las emisiones de gases de efecto invernadero y mitigar el cambio climático.

Descarbonización
Proceso de reducción de las emisiones de dióxido de carbono y otros gases de efecto invernadero, especialmente mediante la transición desde fuentes de energía basadas en combustibles fósiles hacia fuentes renovables.

Depuración de aguas residuales
Proceso de tratamiento de aguas residuales para reducir su contaminación antes de su vertido o reutilización, realizado en estaciones depuradoras de aguas residuales (EDAR).

Economía circular
Modelo económico que busca minimizar la generación de residuos y maximizar el aprovechamiento eficiente de los recursos mediante la reutilización, reparación, remanufacturación y reciclaje.

EDAR (estación depuradora de aguas residuales)
Instalación que trata aguas residuales para reducir su contaminación antes de su vertido o reutilización, organizada en líneas de agua, fango y, cuando aplica, gas.

ENAC (entidad nacional de acreditación)
Organismo designado por el Gobierno español para acreditar a las entidades que realizan actividades de evaluación de la conformidad, incluyendo la verificación de huellas de carbono.

Factor de emisión
Coeficiente que relaciona la actividad de una fuente con la cantidad de emisiones de gases de efecto invernadero generados, expresados en unidades de CO_2 equivalente por unidad de actividad (ej.: kg CO_2eq/kWh).

GEI (gases de efecto invernadero)

Gases atmosféricos naturales y antropogénicos que absorben y emiten radiación infrarroja, como el dióxido de carbono (CO_2), el metano (CH_4) y el óxido nitroso (N_2O).

GHG Protocol

Estándar internacional más utilizado para el cálculo y reporte de emisiones de gases de efecto invernadero a nivel corporativo y de proyectos.

Huella de carbono

Medición integral de todos los gases de efecto invernadero, expresados en toneladas de dióxido de carbono equivalente (tCO_2eq), generados directa o indirectamente a lo largo del ciclo de vida de una organización, producto o actividad.

Huella ambiental corporativa (HAC)

Modelo más completo que evalúa múltiples impactos ambientales a lo largo del ciclo de vida, evolucionando desde la medición inicial de emisiones de CO_2 hacia un enfoque integral y estratégico.

Informe de huella de carbono

Documento que compila y presenta de manera estructurada los resultados del cálculo de las emisiones de GEI, detallando los factores utilizados, los límites del estudio y otros elementos esenciales.

ISO 14064

Norma internacional que especifica los principios y requisitos para el diseño, desarrollo, gestión y reporte de inventarios de gases de efecto invernadero a nivel de organización.

Medición

Proceso de cuantificar las emisiones de gases de efecto invernadero generados por una organización, estableciendo un año base y aplicando factores de emisión oficiales.

MITECO (Ministerio para la Transición Ecológica)

Departamento ministerial del Gobierno de España responsable de proponer y ejecutar la política del Gobierno en materia de cambio climático, incluyendo el Registro de Huella de Carbono.

Mitigación

Acciones para reducir las emisiones de gases de efecto invernadero o aumentar los sumideros de carbono, con el objetivo de disminuir la magnitud y el ritmo del cambio climático.

Neutralidad climática

Equilibrio entre las emisiones de gases de efecto invernadero producidas y las eliminadas de la atmósfera, objetivo que la UE se ha comprometido a alcanzar legalmente en 2050.

ODS (Objetivos de Desarrollo Sostenible)

Conjunto de 17 objetivos globales establecidos por las Naciones Unidas para abordar los desafíos más apremiantes del mundo, incluyendo la "Acción por el clima" (ODS 13) y "Agua limpia y saneamiento" (ODS 6).

Pacto Verde Europeo

Estrategia de la UE para alcanzar la neutralidad climática en 2050, transformando la UE en una economía justa y próspera, con un modelo económico moderno y eficiente en el uso de los recursos.

Potabilización

Proceso de tratamiento del agua para hacerla apta para el consumo humano, que requiere procesos intensivos en energía como filtración, ozonización y desinfección.

Reducción de emisiones

Acciones implementadas para disminuir la cantidad de gases de efecto invernadero emitidos por una organización, como mejoras en eficiencia energética o transición a energías renovables.

Registro de Huella de Carbono

Sistema gestionado por el Ministerio para la Transición Ecológica y el Reto Demográfico (MITECO) donde las organizaciones pueden inscribir voluntariamente su huella de carbono, comprometerse a reducirla y obtener reconocimiento oficial.

Resiliencia

Capacidad de un sistema para absorber perturbaciones, reorganizarse y seguir funcionando esencialmente de la misma manera, aplicado en este contexto a la capacidad de adaptarse al cambio climático.

TCO_2eq (toneladas de dióxido de carbono equivalente)

Unidad de medida utilizada para expresar la huella de carbono, que convierte diferentes gases de efecto invernadero a su equivalente en dióxido de carbono según su potencial de calentamiento global.

Verificación

Proceso de evaluación independiente realizado por una entidad acreditada que confirma que el inventario de emisiones y el informe de huella de carbono son completos, exactos, coherentes y transparentes.

Bibliografía

Documentos electrónicos

→ Cálculo de la huella de carbono del ciclo urbano del agua 2014. La experiencia de EMUASA, de:
<https://www.tecnoaqua.es/articulos/20160719/articulo-tecnico-calculo-huella-carbono-ciclo-urbano-agua-emuasa>.

> Documento oficial de la empresa, en el que se puede encontrar información detallada y verificada sobre su huella de carbono, elaborada conforme a la norma internacional ISO 14064-1 y auditada por una entidad acreditada internacional (SGS).

→ Cambio Climático - Naciones Unidas, de:
<https://unfccc.int/>.

> Página web internacional de la Convención Marco de las Naciones Unidas sobre el Cambio Climático (UNFCCC) en la que se puede encontrar información amplia y actualizada sobre la acción climática global, incluyendo los esfuerzos de los países para mitigar el cambio climático, adaptarse a sus efectos y cumplir con los compromisos establecidos en acuerdos internacionales como el Protocolo de Kioto y el Acuerdo de París. Ofrece acceso a datos, informes, políticas y procesos negociadores relacionados con la lucha contra la crisis climática a nivel mundial.

→ Consejo de la Unión Europea, de:
<https://european-union.europa.eu/institutions-law-budget/institutions-and-bodies/search-all-eu-institutions-and-bodies/council-european-union_es>.

> Página web del Consejo de la Unión Europea en la que se puede encontrar información detallada y actualizada sobre el Pacto Verde Europeo, una estrategia integral que establece el camino hacia la descarbonización y la sostenibilidad del continente, con el objetivo de lograr la neutralidad climática para 2050.

→ El tratamiento de aguas residuales y sus efectos sobre el calentamiento global, de:
<https://www.utm.mx/edi_anteriores/temas71/1_El_tratamiento_de_aguas_residuales_y_sus_efectos_sobre_el_calentamiento_global.pdf>.

Documento académico en el que se puede encontrar información especializada sobre la relación entre el tratamiento de aguas residuales y su impacto en el calentamiento global, analizando las emisiones.

→ Guía para el cálculo de carbono y para la elaboración de un plan de mejora de una organización, de:
<https://www.miteco.gob.es/content/dam/miteco/es/cambio-climatico/temas/mitigacion-politicas-y-medidas/guia_huella_carbono_tcm30-479093.pdf>.

Documento oficial del Ministerio para la Transición Ecológica y el Reto Demográfico (MITECO) en el que se puede encontrar una guía completa y detallada sobre la medición de la huella de carbono, incluyendo la metodología, los pasos para su cálculo, la clasificación de emisiones por alcances y los factores de emisión oficiales.

→ Huella de carbono Aquavall, de:
<https://aquavall.es/wp-content/uploads/2021/02/Informe-Huella-de-Carbono-Aquavall-2019-v1-002.pdf>.

Documento técnico muy interesante en el que se presenta información detallada y rigurosa sobre el cálculo de su huella de carbono correspondiente al año 2019, elaborado según las metodologías internacionales GHG Protocol y norma ISO 14064-1, mostrando todos los pasos del proceso.

→ Huella de carbono de una organización (MITECO), de:
<https://www.miteco.gob.es/content/dam/miteco/es/cambio-climatico/temas/mitigacion-politicas-y-medidas/huellacarbono_conceptosbasicos_tcm30-478999.pdf>.

Documento oficial del Ministerio para la Transición Ecológica y el Reto Demográfico en el que se puede encontrar información clara y especializada sobre los conceptos básicos relacionados con la huella de carbono, su metodología de cálculo, alcance y aplicación en diferentes sectores.

→ Informe de emisiones de gases de efecto invernadero 2016, de:
<https://www.emasesa.com/wp-content/uploads/2018/05/INF.-EMISIONES-EFECTO-INVERNADERO-VERIFICADO.pdf>.

Documento técnico en el que se puede encontrar información verificada y detallada sobre sus emisiones de gases de efecto invernadero 2016, elaborado según la norma internacional ISO 14064-1 y sometido a verificación externa por una entidad acreditada.

→ Informe de gases de efecto invernadero derivado de las operaciones controladas por Aquavall, de: <https://aquavall.es/wp-content/uploads/2023/11/v1_INFORME_GEI_2022_MITECO_AQUAVALL.pdf>.

> Documento técnico muy completo pero extenso en el que se puede encontrar información completa y verificada sobre su inventario de gases de efecto invernadero correspondiente al año 2022, presentado al Registro de Huella de Carbono del MITECO.

→ Ministerio para la Transición Ecológica y el Reto Demográfico - MITECO, de: <https://www.miteco.gob.es/es.html>.

> Página web oficial del Ministerio para la Transición Ecológica y el Reto Demográfico en la que se puede encontrar información amplia y actualizada sobre las políticas, iniciativas y actuaciones del Gobierno de España en materia de medio ambiente, cambio climático, energía, sostenibilidad y retos demográficos, ofreciendo acceso a datos, normativas, programas y recursos dirigidos a promover la transición ecológica y la gestión responsable del territorio y los recursos naturales.

→ Nueva tecnología de tratamiento de aguas residuales con cero emisiones netas de carbono de AMBI-ROBIC Project - Resultados resumidos, de: <https://cordis.europa.eu/article/id/445670-new-tech-for-net-zero-carbon-wastewater-treatment/es>.

> Página web del servicio de resultados de investigación e innovación de la Unión Europea en la que se puede encontrar información detallada sobre proyectos pioneros como AMBI-ROBIC, una tecnología innovadora que permite el tratamiento de aguas residuales con cero emisiones netas de carbono, destacando sus beneficios en eficiencia energética, reducción del consumo de electricidad y potencial para transformar el sector en uno más sostenible, rentable y alineado con los objetivos del Pacto Verde Europeo.

Legislación

→ Ley 7/2021, de 20 de mayo, de Cambio Climático y Transición Energética.

> Esta ley es una pieza fundamental del marco normativo español para la lucha contra el cambio climático. Establece el objetivo de alcanzar la neutralidad climática en 2050 y fija metas intermedias, como la reducción del 23 % de las emisiones de gases de efecto invernadero en 2030 respecto a 1990. Uno de sus aspectos clave es la obligatoriedad para grandes empresas y Administraciones públicas de calcular anualmente su huella de carbono (incluyendo emisiones de alcance 1 y 2) y de elaborar planes de reducción verificables.

→ Real Decreto 214/2025, de 18 de marzo, por el que se crea el Registro de Huella de Carbono, Compensación y Proyectos de Absorción de Dióxido de Carbono y por el que se establece la obligación del cálculo de la huella de carbono y de la elaboración y publicación de planes de reducción de emisiones de gases de efecto invernadero.

Este decreto actualiza y refuerza el marco normativo español en materia de cambio climático, estableciendo obligaciones más exigentes y ampliando el alcance del sistema de registro y gestión de emisiones. Este real decreto modifica y sustituye parcialmente al Real Decreto 163/2014, modernizando el Registro de Huella de Carbono, Compensación y Proyectos de Absorción de Dióxido de Carbono gestionado por el MITECO.

→ Comisión Europea - Plan de Recuperación para Europa.

Página web de la Comisión Europea en la que se puede encontrar información detallada sobre el Plan de Recuperación para Europa, una estrategia integral dirigida a reactivar la economía tras la crisis provocada por la pandemia, promoviendo al mismo tiempo la transición ecológica, la digitalización y la resiliencia.

→ Plan Nacional de Adaptación al Cambio Climático (PNACC) 2021-2030.

Este plan es el marco estratégico fundamental de España para afrontar los impactos actuales y futuros del cambio climático. Su objetivo principal es reducir la vulnerabilidad de los ecosistemas, sectores económicos y poblaciones frente a fenómenos como sequías, olas de calor, inundaciones y la escasez de recursos hídricos. Promueve una acción coordinada entre Administraciones, sectores y ciudadanos, integrando la adaptación en las políticas públicas y territoriales. En el contexto del ciclo integral del agua, el PNACC es clave para fortalecer la resiliencia hídrica, optimizar la gestión del recurso y planificar infraestructuras sostenibles, alineándose con la Ley 7/2021 y el Pacto Verde Europeo.